영역별 반복집중학습 프로그램 **기탄영역별수학 도형·측정편**

수학과 교육과정에서 초등학교 수학 내용은 '수와 연산', '도형', '측정', '규칙성', '자료와 가능성'의 5개 영역으로 구성되는데, 우리가 이 교재에서 다룰 영역은 '도형·측정'입니다.

'도형' 영역에서는 평면도형과 입체도형의 개념, 구성요소, 성질과 공간감각을 다룹니다. 평면도형이나 입체도형의 개념과 성질에 대한 이해는 실생활 문제를 해결하는 데 기초가 되며, 수학의 다른 영역의 개념과 밀접하게 관련되어 있습니다. 또한 도형을 다루는 경험으로부터 비롯되는 공간감각은 수학적 소양을 기르는 데 도움이 됩니다.

'측정' 영역에서는 시간, 길이, 들이, 무게, 각도, 넓이, 부피 등 다양한 속성의 측정과 어림을 다룹니다. 우리 생활 주변의 측정 과정에서 경험하는 양의 비교, 측정, 어림은 수학 학습을 통해 길러야 할 중요한 기능이고, 이는 실생활이나 타 교과의 학습에서 유용하게 활용되며, 또한 측정을 통해 길러지는 양감은 수학적 소양을 기르는 데 도움이 됩니다.

이 책의 특징

1. 부족한 부분에 대한 집중 연습이 가능

도형·측정 영역은 직관적으로 쉽다고 느끼는 아이들도 있지만, 많은 아이들이 수·연산 영역에 비해 많이 어려워합니다.

길이, 무게, 넓이 등의 여러 속성을 비교하거나 어림해야 할 때는 섬세한 양감능력이 필요하고, 입체도형의 겉넓이나 부피를 구해야 할 때는 도형의 속성, 전개도의 이해는 물론 계산능력까지도 필요합니다. 도형을 돌리거나 뒤집는 대칭이동을 알아볼 때는 실제 해본 경험을 토대로 하여 형성된 추론능력이 필요하기도 합니다.

다른 여러 영역에 비해 도형·측정 영역은 이렇게 종합적이고 논리적인 사고와 직관력을 동시에 필요로 하기 때문에 문제 상황에 익숙해지기까지는 당황스러울 수밖에 없습니다. 하지만 절대 걱정할 필요가 없습니다.

기초부터 차근차근 쌓아 올라가야만 다른 단계로의 확장이 가능한 수·연산 등 다른 영역과 달리, 도형·측정 영역은 각각의 내용들이 독립성 있는 경우가 대부분이어서 부족한 부분만 집중 연습해도 충분히 그 부분의 완성도 있는 학습이 가능하기 때문입니다.

이번에 기탄에서 출시한 기탄영역별수학 도형·측정편으로 부족한 부분을 선택하여 집중적으로 연습해 보세요. 원하는 만큼 실력과 자신감이 쑥쑥 향상됩니다.

2. 학습 부담 없는 알맞은 분량

내게 부족한 부분을 선택해서 집중 연습하려고 할 때, 그 부분의 학습 분량이 너무 많으면 부담 때문에 시작하기조차 힘들 수 있습니다.

무조건 문제 수가 많은 것보다 학습의 흥미도를 떨어뜨리지 않는 범위 내에서 필요한 만큼 충분한 양일 때 학습효과가 가장 좋습니다.

기탄영역별수학 도형·측정편은 다루어야 할 내용을 세분화하여, 한 가지 내용에 대한 학습량도 권당 80쪽, 쪽당 문제 수도 3~8문제 정도로 여유 있게 배치하여 학습 부담을 줄이고 학습효과는 높였습니다.

학습자의 상태를 가장 많이 고민한 책, 기탄영역별수학 도형·측정편으로 미루어 두었던 수학에의 도전을 시작해 보세요.

이 책의 구성

★ 본 학습

제목을 통해 이번 차시에서 학습해야 할 내용이 무엇인지 짚어 보고, 그것을 익히기 위한 최적화된 연습문제를 반복해서 집중적으로 풀어 볼 수 있습니다.

★ 성취도 테스트

성취도 테스트는 본문에서 집중 연습한 내용을 최종적으로 한번 더 확인해 보는 문제들로 구성되어 있습니다. 성취도 테스트를 풀어 본 후, 결과표에 내가 맞은 문제인지 틀린 문제인지 체크를 해가며 각각의 문항을 통해 성취해야 할 학습목표와 학습내용을 짚어 보고, 성취된 부분과 부족한 부분이 무엇인지 확인합니다.

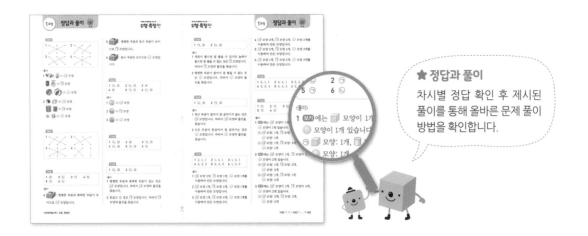

★ 정답과 풀이

차시별 정답 확인 후 제시된 풀이를 통해 올바른 문제 풀이 방법을 확인합니다.

cm, m 알아보기

6
과정

기초부터 탄탄하게
기탄교육

차례
contents

cm, m 알아보기

도형·측정편

1a

여러 가지 단위로 길이 재기

이름 :

날짜 :

시간 : : ~ :

🐸 우리 몸으로 길이 재기

★ 물건의 길이를 잰 것을 보고 ☐ 안에 알맞은 수를 써넣으세요.

1

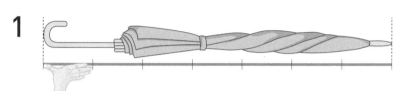

우산의 길이는 뼘으로 ☐ 번입니다.

2

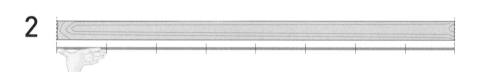

막대의 길이는 뼘으로 ☐ 번입니다.

3

액자의 긴 쪽의 길이는 뼘으로 ☐ 번, 짧은 쪽의 길이는 뼘

으로 ☐ 번입니다.

4

지우개의 길이는 엄지손가락 너비로 ☐ 번입니다.

5

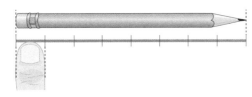

연필의 길이는 엄지손가락 너비로 ☐ 번입니다.

6

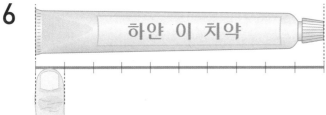

치약의 길이는 엄지손가락 너비로 ☐ 번입니다.

7

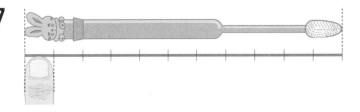

칫솔의 길이는 엄지손가락 너비로 ☐ 번입니다.

도형·측정편

2a

여러 가지 단위로 길이 재기

이름 :

날짜 :

시간 :   :   ~   :

🐸 물건으로 길이 재기

★ 물건의 길이를 잰 것을 보고 ☐ 안에 알맞은 수를 써넣으세요.

1

가지의 길이는 도장으로 ☐ 번입니다.

2

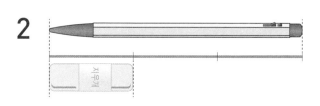

볼펜의 길이는 지우개로 ☐ 번입니다.

3

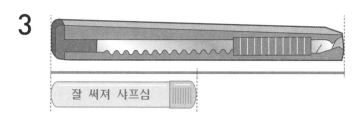

커터 칼의 길이는 샤프심통으로 ☐ 번입니다.

4

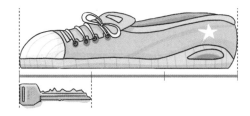

신발의 길이는 열쇠로 ☐ 번입니다.

5

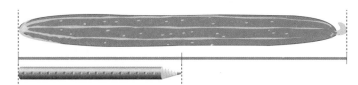

오이의 길이는 색연필로 ☐ 번입니다.

6

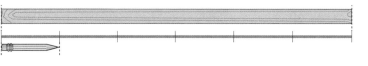

막대의 길이는 연필로 ☐ 번입니다.

7

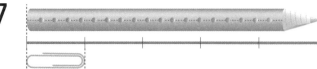

색연필의 길이는 클립으로 ☐ 번입니다.

도형·측정편

3a

Ⅰcm 알기

🐸 단위가 다를 때 불편한 점

1 신발의 길이를 잰 것을 보고 물음에 답하세요.

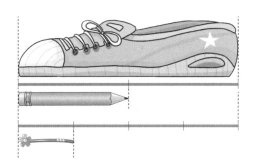

(1) 신발의 길이는 연필과 머리핀으로 각각 몇 번인가요?

연필 (   )번, 머리핀 (   )번

(2) 연필과 머리핀 중 신발의 길이를 잰 횟수가 더 많은 것을 쓰세요.

(   )

2 우산의 길이를 잰 것을 보고 물음에 답하세요.

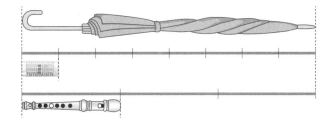

(1) 우산의 길이는 딱풀과 리코더로 각각 몇 번인가요?

딱풀 (   )번, 리코더 (   )번

(2) 딱풀과 리코더 중 우산의 길이를 잰 횟수가 더 적은 것을 쓰세요.

(   )

3 은서와 지수가 뼘으로 허리띠의 길이를 재었더니 다음과 같은 결과가 나왔습니다. 뼘이 더 긴 사람은 누구인가요?

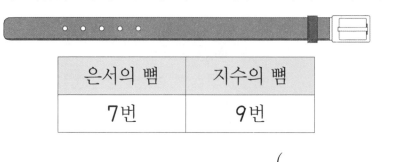

은서의 뼘	지수의 뼘
7번	9번

(   )

4 연필과 색연필로 바지의 길이를 재었더니 다음과 같은 결과가 나왔습니다. 왜 다른 결과가 나왔는지 알맞은 말에 ○표 하세요.

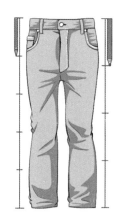

연필	색연필
5번	4번

연필과 색연필의 길이가 (같기 , 다르기) 때문입니다.

이처럼 같은 물건의 길이를 재더라도 재는 도구가 다르면 결과가 다르기 때문에 물건의 길이를 정확하게 알 수가 없어서 불편할 수 있어요.

영역별 반복집중학습 프로그램

도형·측정편

4a

| cm 알기

이름 :

날짜 :

시간 :   :   ~   :

🐸 주어진 길이 쓰고 읽기

★ ☐ 안에 알맞은 수를 써넣고 주어진 길이를 쓰고 읽어 보세요.

1

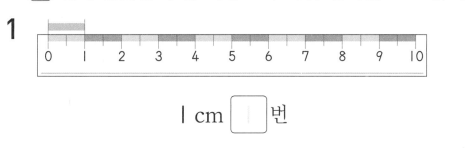

| cm ☐1☐ 번

쓰기 ____| cm____   **읽기** | 센티미터

2

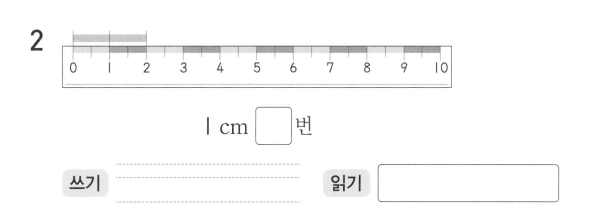

| cm ☐ 번

쓰기 ____   **읽기** ____

3

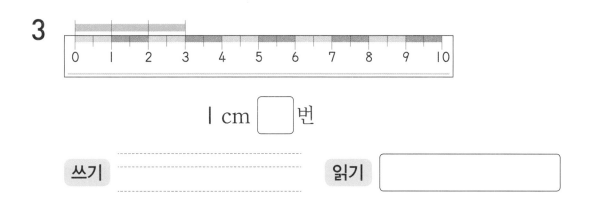

| cm ☐ 번

쓰기 ____   **읽기** ____

4

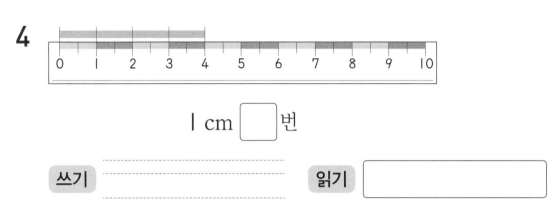

l cm [   ] 번

쓰기 ....

읽기 [   ]

5

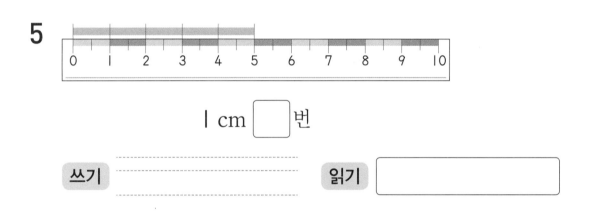

l cm [   ] 번

쓰기 ....

읽기 [   ]

6

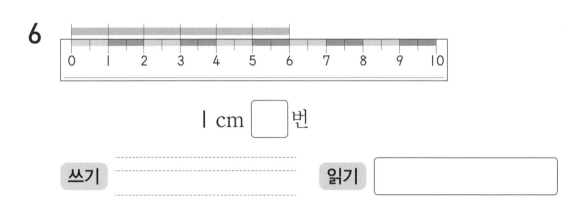

l cm [   ] 번

쓰기 ....

읽기 [   ]

도형·측정편

5a

Ⅰcm 알기

이름 :

날짜 :

시간 :   :   ~   :

🐸 자의 눈금 읽기 ①

★ 물건의 길이는 몇 cm인지 쓰세요.

1

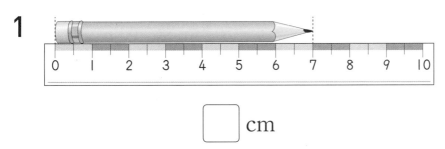

☐ cm

2

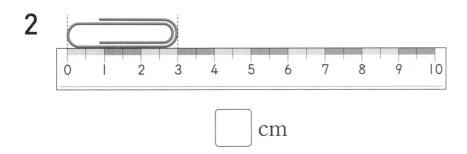

☐ cm

3

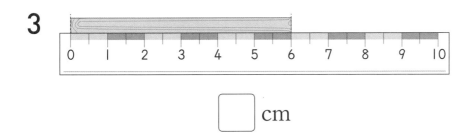

☐ cm

4

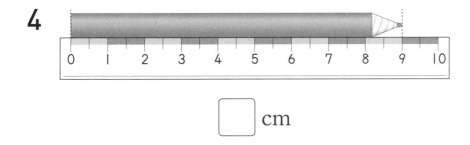

☐ cm

5

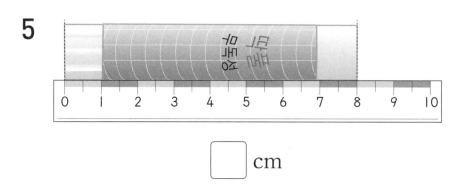

☐ cm

6

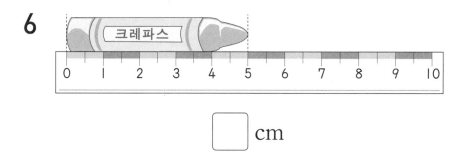

☐ cm

7

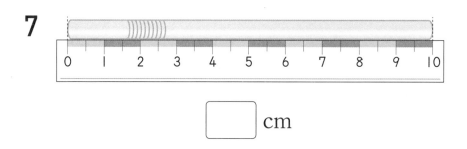

☐ cm

8

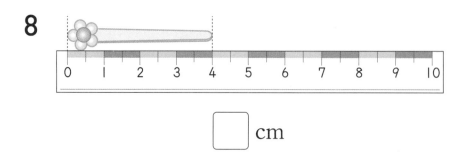

☐ cm

도형·측정편

6a

Ⅰcm 알기

이름 :

날짜 :

시간 :   :   ~   :

🐸 자의 눈금 읽기 ②

★ ☐ 안에 알맞은 수를 써넣으세요.

1

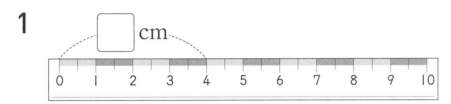

2

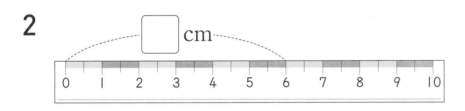

3

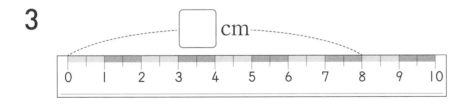

4

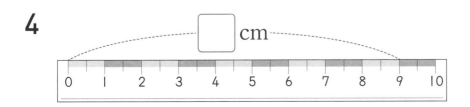

5

⬜ cm

6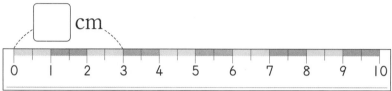

⬜ cm

7

⬜ cm

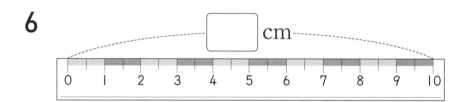

8

⬜ cm

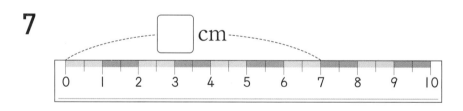

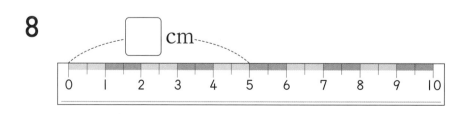

l cm 알기

이름 :

날짜 :

시간 : : ~ :

🐸 주어진 길이만큼 선 긋기

★ 주어진 길이만큼 점선을 따라 선을 그어 보세요.

1 l cm

2 4 cm

3 3 cm

4 5 cm

5 7 cm

|-------|-------|-------|-------|-------|-------|-------|-------|-------|-------|

6 8 cm

|-------|-------|-------|-------|-------|-------|-------|-------|-------|-------|

7 6 cm

|-------|-------|-------|-------|-------|-------|-------|-------|-------|-------|

8 9 cm

|-------|-------|-------|-------|-------|-------|-------|-------|-------|-------|

자로 길이 재기(1)

이름 :

날짜 :

시간 :   :   ~   :

🐸 자를 이용하여 길이 재기 ①

★ 자를 이용하여 물건의 길이를 재어 보세요.

1

□ cm

물건의 한쪽 끝을
자의 눈금 **0**에 맞추고
다른 쪽 끝에 있는 자의
눈금을 읽어 길이를
잽니다.

2

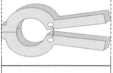

□ cm

3

□ cm

4

□ cm

5

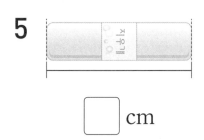

☐ cm

6

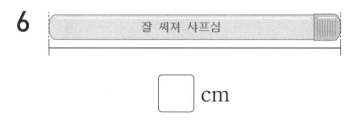

잘 써져 샤프심

☐ cm

7

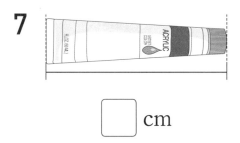

☐ cm

8

☐ cm

자로 길이 재기(1)

이름 :

날짜 :

시간 :　:　~　:

🐸 자를 이용하여 길이 재기 ②

★ 연필의 길이를 자로 재어 보세요.

1

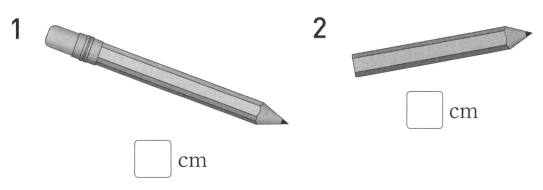

☐ cm

2

☐ cm

3

☐ cm

4

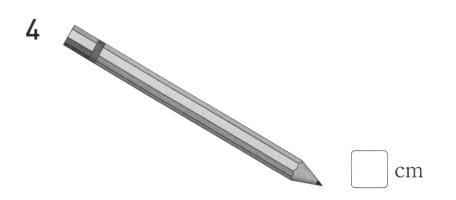

☐ cm

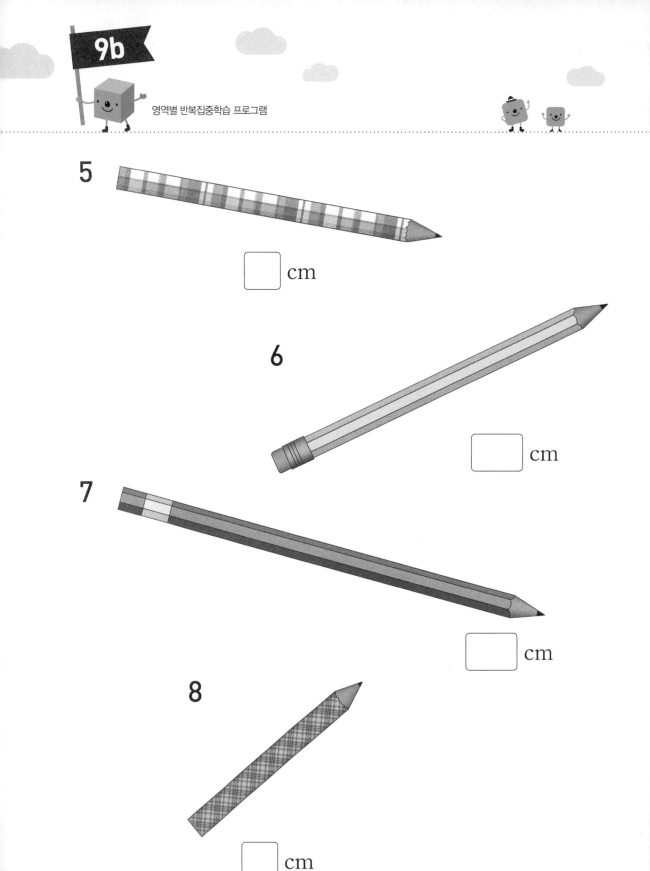

5 ☐ cm

6 ☐ cm

7 ☐ cm

8 ☐ cm

자로 길이 재기(1)

🐸 0이 아닌 눈금에서 시작할 때 길이 재기 ①

★ 막대의 길이는 몇 cm인지 알아보세요.

1

| cm ⬚ 번 ⇨ ⬚ cm

> 물건의 한쪽 끝을 자의 한 눈금에 맞추고, 그 눈금에서 다른 쪽 끝까지 | cm가 몇 번 들어가는지 셉니다.

2

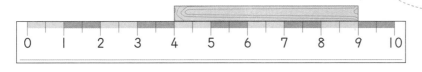

| cm ⬚ 번 ⇨ ⬚ cm

3

| cm ⬚ 번 ⇨ ⬚ cm

4

| cm ⬚ 번 ⇨ ⬚ cm

5

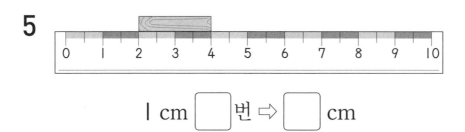

Ⅰ cm ☐ 번 ⇨ ☐ cm

6

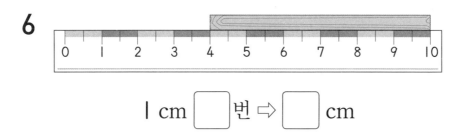

Ⅰ cm ☐ 번 ⇨ ☐ cm

7

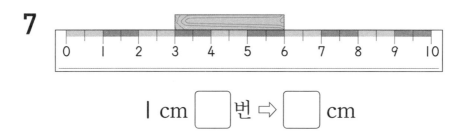

Ⅰ cm ☐ 번 ⇨ ☐ cm

8

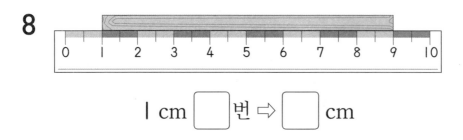

Ⅰ cm ☐ 번 ⇨ ☐ cm

자로 길이 재기(1)

이름 :

날짜 :

시간 : : ~ :

🐸 0이 아닌 눈금에서 시작할 때 길이 재기 ②

★ 물건의 길이는 몇 cm인지 알아보세요.

1

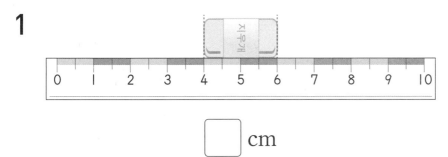

☐ cm

2

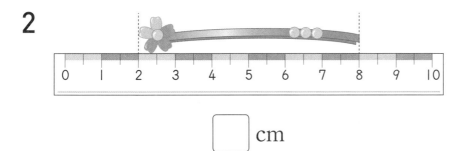

☐ cm

3

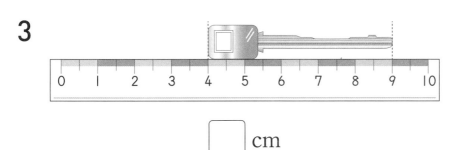

☐ cm

4

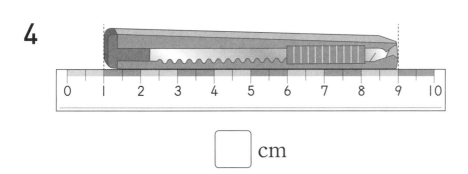

☐ cm

영역별 반복집중학습 프로그램

5

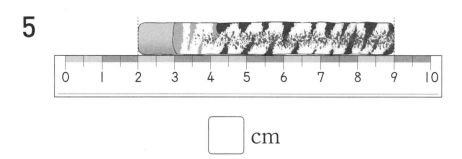

☐ cm

6

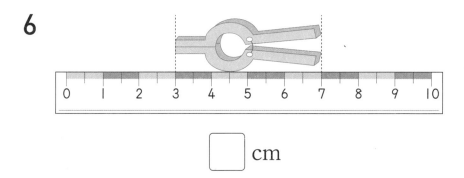

☐ cm

7

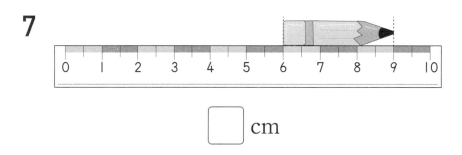

☐ cm

8

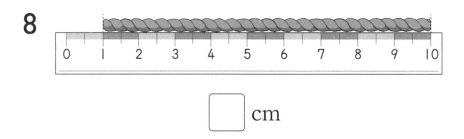

☐ cm

도형·측정편

12a

자로 길이 재기(2)

🐸 약 몇 cm인지 알아보기 ①

★ ☐ 안에 알맞은 수를 써넣으세요.

1

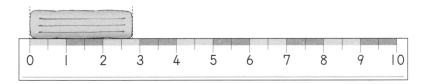

• 과자의 오른쪽 끝이 ☐3☐ cm 눈금에 가깝습니다.

• 과자의 길이는 약 ☐3☐ cm입니다.

> 길이가 자의 눈금 사이에 있을 때는 가까이에 있는 쪽의 숫자를 읽으며, 숫자 앞에 '약'을 붙여 말합니다.

2

• 과자의 오른쪽 끝이 ☐ cm 눈금에 가깝습니다.

• 과자의 길이는 약 ☐ cm입니다.

3

• 과자의 오른쪽 끝이 ☐ cm 눈금에 가깝습니다.

• 과자의 길이는 약 ☐ cm입니다.

4

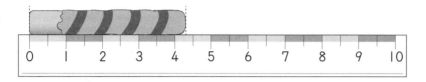

- 과자의 오른쪽 끝이 ☐ cm 눈금에 가깝습니다.

- 과자의 길이는 약 ☐ cm입니다.

5

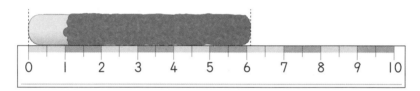

- 과자의 오른쪽 끝이 ☐ cm 눈금에 가깝습니다.

- 과자의 길이는 약 ☐ cm입니다.

6

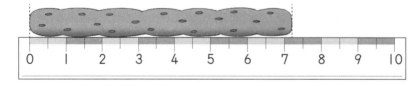

- 과자의 오른쪽 끝이 ☐ cm 눈금에 가깝습니다.

- 과자의 길이는 약 ☐ cm입니다.

자로 길이 재기(2)

🐸 약 몇 cm인지 알아보기 ②

★ 물건의 길이는 약 몇 cm인지 알아보세요.

1

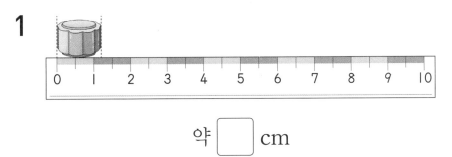

약 ☐ cm

2

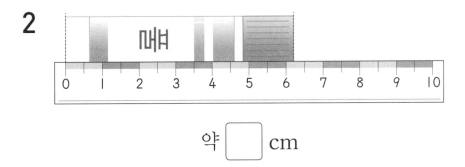

약 ☐ cm

3

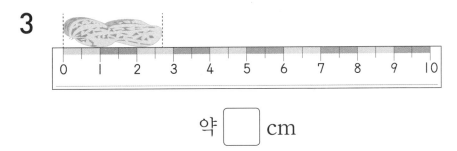

약 ☐ cm

4

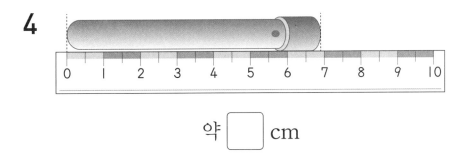

약 ☐ cm

5

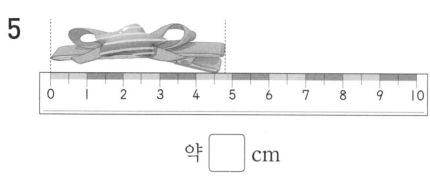

약 ⬚ cm

6

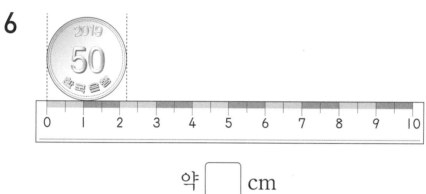

약 ⬚ cm

7

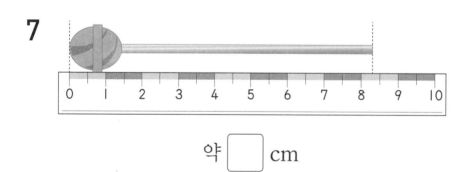

약 ⬚ cm

8

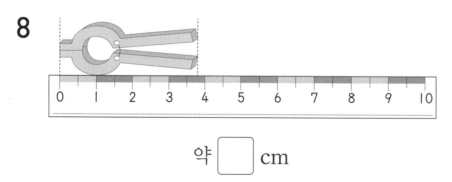

약 ⬚ cm

자로 길이 재기(2)

🐸 약 몇 cm인지 알아보기 ③

★ 물건의 길이는 약 몇 cm인지 알아보세요.

1

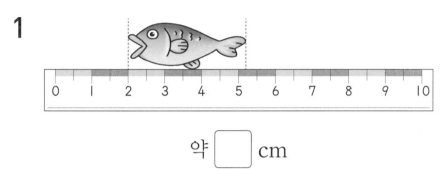

약 ☐ cm

2

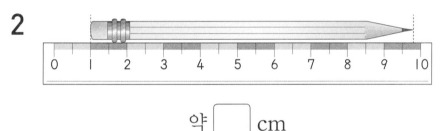

약 ☐ cm

3

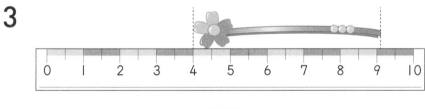

약 ☐ cm

4

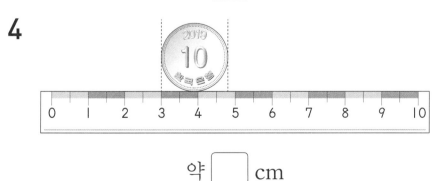

약 ☐ cm

5

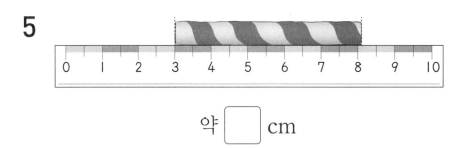

약 ☐ cm

6

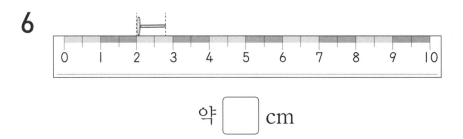

약 ☐ cm

7

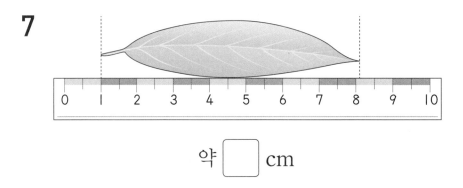

약 ☐ cm

8

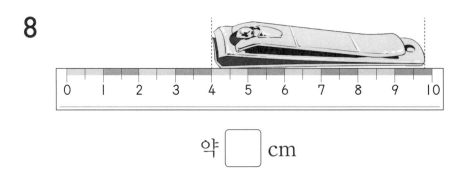

약 ☐ cm

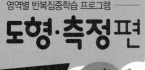

자로 길이 재기(2)

이름 :

날짜 :

시간 :   :   ~   :

🐸 **자를 이용하여 길이 재기 ①**

★ 물건의 길이를 자로 재어 약 몇 cm인지 알아보세요.

1

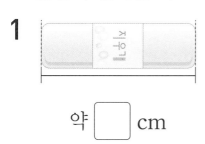

약 ☐ cm

2

약 ☐ cm

3

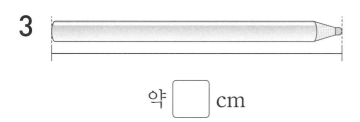

약 ☐ cm

4

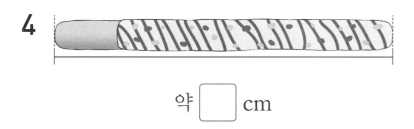

약 ☐ cm

5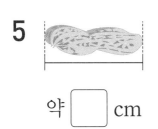

약 [ ] cm

6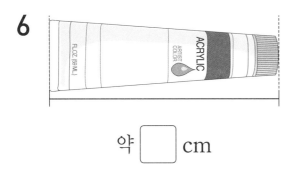

약 [ ] cm

7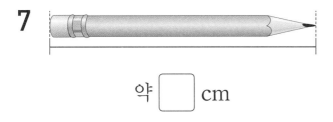

약 [ ] cm

8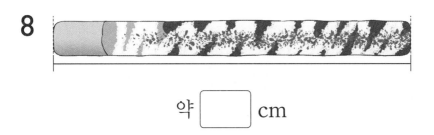

약 [ ] cm

자로 길이 재기(2)

이름 :

날짜 :

시간 : : ~ :

🐸 자를 이용하여 길이 재기 ②

★ 연필의 길이를 자로 재어 약 몇 cm인지 알아보세요.

1

약 ☐ cm

2

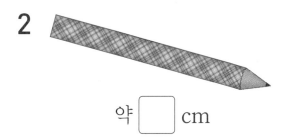

약 ☐ cm

3

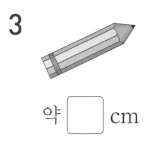

약 ☐ cm

4

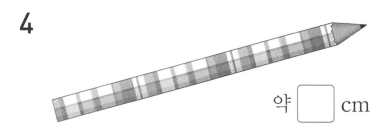

약 ☐ cm

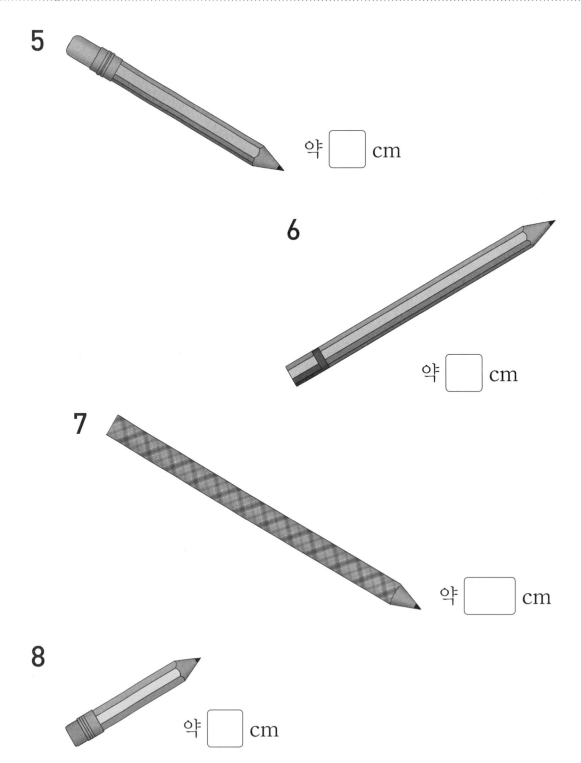

5

약 ☐ cm

6

약 ☐ cm

7

약 ☐ cm

8

약 ☐ cm

길이 어림하기(1)

이름 :

날짜 :

시간 : : ~ :

🐸 물건의 길이 어림하고 재기 ①

★ 주어진 선의 길이는 I cm입니다. 선의 길이를 이용하여 막대의 길이를 어림하고 자로 재어 확인해 보세요.

1 I cm

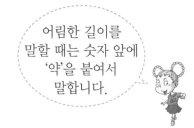

어림한 길이를 말할 때는 숫자 앞에 '약'을 붙여서 말합니다.

어림한 길이	약	cm
자로 잰 길이		cm

2 I cm

어림한 길이	약	cm
자로 잰 길이		cm

3 I cm

어림한 길이	약	cm
자로 잰 길이		cm

4 I cm

어림한 길이	약	cm
자로 잰 길이		cm

영역별 반복집중학습 프로그램

5

| cm

어림한 길이	약	cm
자로 잰 길이		cm

6

| cm

어림한 길이	약	cm
자로 잰 길이		cm

7

| cm

어림한 길이	약	cm
자로 잰 길이		cm

8

| cm

어림한 길이	약	cm
자로 잰 길이		cm

도형·측정편

18a

길이 어림하기(1)

이름 :
날짜 :
시간 :   :   ~   :

🐸 물건의 길이 어림하고 재기 ②

★ 물건의 길이를 어림하고 자로 재어 확인해 보세요.

1

어림한 길이	약	cm
자로 잰 길이		cm

2

어림한 길이	약	cm
자로 잰 길이		cm

3

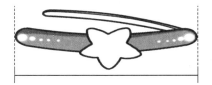

어림한 길이	약	cm
자로 잰 길이		cm

4

어림한 길이	약	cm
자로 잰 길이		cm

5

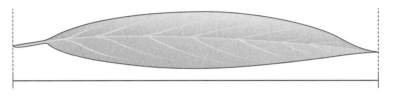

어림한 길이	약	cm
자로 잰 길이		cm

6

어림한 길이	약	cm
자로 잰 길이		cm

7

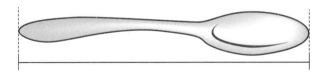

어림한 길이	약	cm
자로 잰 길이		cm

길이 어림하기(1)

이름 :

날짜 :

시간 :   :   ~   :

🐸 물건의 길이 어림하고 재기 ③

★ 연필의 길이를 어림하고 자로 재어 확인해 보세요.

1

어림한 길이	약	cm
자로 잰 길이		cm

2

어림한 길이	약	cm
자로 잰 길이		cm

3

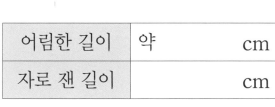

어림한 길이	약	cm
자로 잰 길이		cm

4

어림한 길이	약	cm
자로 잰 길이		cm

6과정 cm, m 알아보기

5

어림한 길이	약	cm
자로 잰 길이		cm

6

어림한 길이	약	cm
자로 잰 길이		cm

8

어림한 길이	약	cm
자로 잰 길이		cm

7

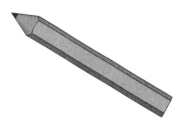

어림한 길이	약	cm
자로 잰 길이		cm

도형·측정편

20a

길이 어림하기(1)

🐸 어림하여 선 긋고 재기

★ 주어진 길이를 어림하여 선을 그어 보세요.

1 ⎡ 4 cm ⎤

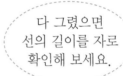

다 그렸으면
선의 길이를 자로
확인해 보세요.

2 ⎡ 6 cm ⎤

3 ⎡ 7 cm ⎤

4 ⎡ 9 cm ⎤

20b

영역별 반복집중학습 프로그램

5 3 cm

6 5 cm

7 8 cm

8 10 cm

기탄영역별수학 | 도형·측정편

cm보다 더 큰 단위 알기

이름 :

날짜 :

시간 :   :   ~   :

🐸 m, cm 읽고 쓰기

★ 길이를 바르게 읽어 보세요.

1 | 1 m |

⇨ **읽기** (1 미터   )

2 | 4 m |

⇨ **읽기** (   )

3 | 2 m 3 cm |

⇨ **읽기** (   )

4 | 3 m 50 cm |

⇨ **읽기** (   )

영역별 반복집중학습 프로그램

★ 길이를 바르게 써 보세요.

5 2 미터

⇨ 쓰기 2 m

6 3 미터

⇨ 쓰기

7 1 미터 5 센티미터

⇨ 쓰기

8 9 미터 46 센티미터

⇨ 쓰기

cm보다 더 큰 단위 알기

이름 :

날짜 :

시간 :　:　~　:

🐸 cm와 m의 관계 ①

★ ☐ 안에 알맞은 수를 써넣으세요.

1　$100\,cm = \boxed{}\,m$

100 cm는
1 m와 같습니다.

2　$110\,cm = 100\,cm + 10\,cm$

$= \boxed{}\,m + 10\,cm$

$= \boxed{}\,m\ \boxed{}\,cm$

3　$135\,cm = \boxed{}\,m\ \boxed{}\,cm$

4　$160\,cm = \boxed{}\,m\ \boxed{}\,cm$

5　$183\,cm = \boxed{}\,m\ \boxed{}\,cm$

6　$200\,cm = \boxed{}\,m$

7　$230\,cm = 200\,cm + 30\,cm$

$= \boxed{}\,m + 30\,cm$

$= \boxed{}\,m\ \boxed{}\,cm$

8　$279\,cm = \boxed{}\,m\ \boxed{}\,cm$

9 1 m= ☐ cm

10 1 m 20 cm= 1 m+20 cm

= ☐ cm+20 cm

= ☐ cm

11 1 m 45 cm= ☐ cm

12 1 m 70 cm= ☐ cm

13 1 m 92 cm= ☐ cm

14 2 m= ☐ cm

15 2 m 50 cm= 2 m+50 cm

= ☐ cm+50 cm

= ☐ cm

16 2 m 67 cm= ☐ cm

cm보다 더 큰 단위 알기

이름 :

날짜 :

시간 :   :   ~   :

🐸 cm와 m의 관계 ②

★ ☐ 안에 알맞은 수를 써넣으세요.

1 140 cm = ☐ m ☐ cm

2 504 cm = ☐ m ☐ cm

3 290 cm = ☐ m ☐ cm

4 176 cm = ☐ m ☐ cm

5 880 cm = ☐ m ☐ cm

6 328 cm = ☐ m ☐ cm

7 214 cm = ☐ m ☐ cm

8 755 cm = ☐ m ☐ cm

9 2 m 87 cm = ☐ cm

10 1 m 51 cm = ☐ cm

11 4 m 10 cm = ☐ cm

12 2 m 46 cm = ☐ cm

13 9 m 65 cm = ☐ cm

14 3 m 9 cm = ☐ cm

15 1 m 30 cm = ☐ cm

16 6 m 72 cm = ☐ cm

도형·측정편

24a

cm보다 더 큰 단위 알기

🐸 길이 비교

★ 길이가 더 긴 것의 기호를 쓰세요.

1 ㉠ 300 cm   ㉡ 3 m 16 cm

(   )

2 ㉠ 805 cm   ㉡ 8 m 50 cm

(   )

3 ㉠ 500 cm   ㉡ 4 m 85 cm

(   )

4 ㉠ 623 cm   ㉡ 6 m 29 cm

(   )

5 ㉠ 934 cm   ㉡ 7 m 34 cm

(   )

6 ㉠ 8 m 40 cm   ㉡ 900 cm

( )

7 ㉠ 4 m 5 cm   ㉡ 400 cm

( )

8 ㉠ 5 m 60 cm   ㉡ 561 cm

( )

9 ㉠ 2 m 93 cm   ㉡ 283 cm

( )

10 ㉠ 7 m 1 cm   ㉡ 699 cm

( )

cm보다 더 큰 단위 알기

이름 :

날짜 :

시간 :   :   ~   :

🐸 **알맞은 단위 쓰기**

★ 다음의 길이를 나타낼 때 알맞은 단위는 cm와 m 중 어느 것
인지 써 보세요.

1 국기 게양대의 높이 ▢

2 연필의 길이 ▢

3 비행기의 길이 ▢

4 전봇대의 높이 ▢

5 숟가락의 길이 ▢

6 학교 건물의 높이 ▢

7 물컵의 높이 ▢

8 한 뼘의 길이 ▢

★ cm와 m 중 알맞은 단위를 써 보세요.

9 색연필의 길이는 약 18 [ ] 입니다.

10 교실 문의 높이는 약 2 [ ] 입니다.

11 학교 운동장 긴 쪽의 길이는 약 70 [ ] 입니다.

12 칠판 긴 쪽의 길이는 약 300 [ ] 입니다.

13 운동화의 길이는 약 20 [ ] 입니다.

14 버스의 길이는 약 12 [ ] 입니다.

15 친구의 키는 약 115 [ ] 입니다.

16 승용차의 길이는 약 5 [ ] 입니다.

도형·측정편

26a

자로 길이 재기(3)

🐸 **줄자의 눈금 읽기**

★ 자에서 화살표가 가리키는 눈금을 읽어 보세요.

1

cm

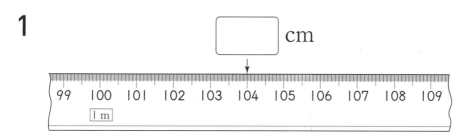

2

cm

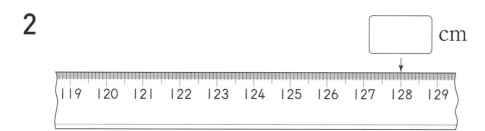

3

cm

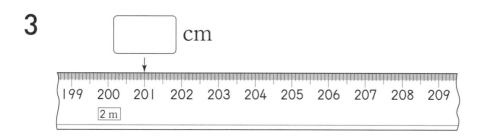

4

cm

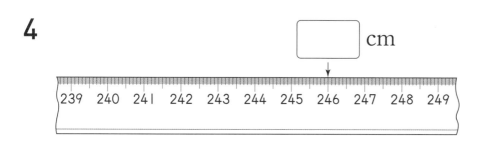

5

☐ m ☐ cm

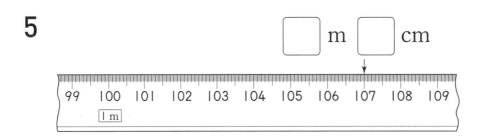

6

☐ m ☐ cm

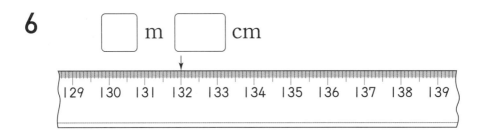

7

☐ m ☐ cm

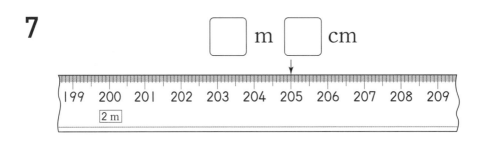

8

☐ m ☐ cm

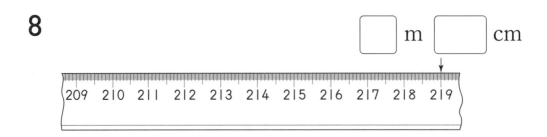

자로 길이 재기(3)

🐸 줄자를 이용하여 길이 재기 ①

★ ☐ 안에 알맞은 수를 써넣으세요.

> 물건의 한끝을 줄자의 눈금 0에 맞추고, 물건의 다른 쪽 끝에 있는 줄자의 눈금을 읽습니다.

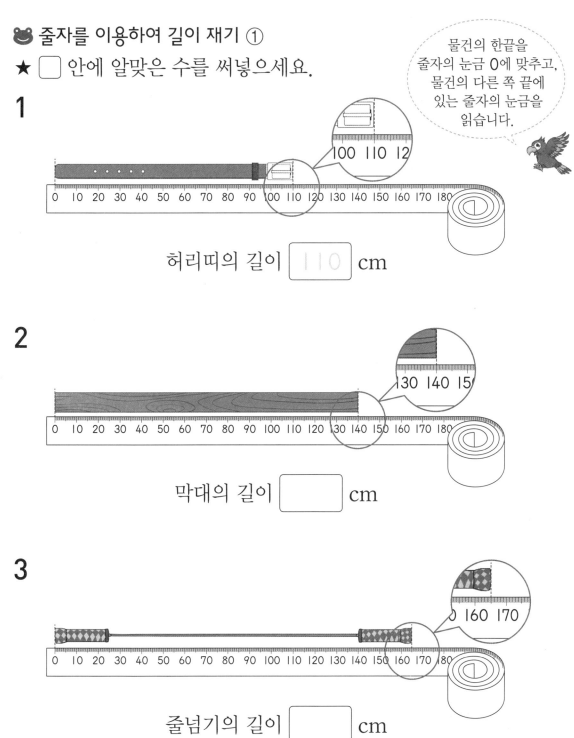

1

100 110 12

허리띠의 길이 | 1 1 0 | cm

2

130 140 15

막대의 길이 ☐ cm

3

0 160 170

줄넘기의 길이 ☐ cm

4

책상의 긴 쪽의 길이 ☐ cm

5

침대의 긴 쪽의 길이 ☐ cm

6

은미의 키 ☐ cm

도형·측정편

28a

자로 길이 재기(3)

이름 :
날짜 :
시간 :   :   ~   :

🐸 줄자를 이용하여 길이 재기 ②

★ ☐ 안에 알맞은 수를 써넣으세요.

1

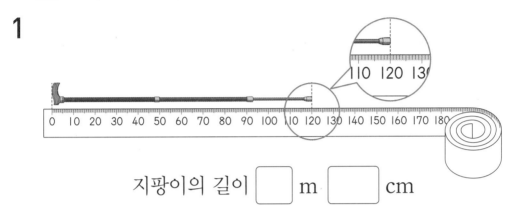

지팡이의 길이 ☐ m ☐ cm

2

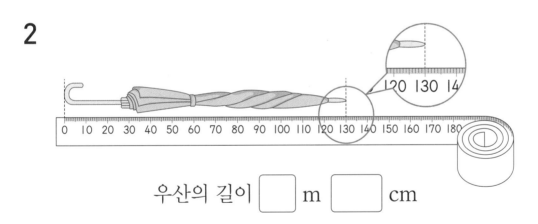

우산의 길이 ☐ m ☐ cm

3

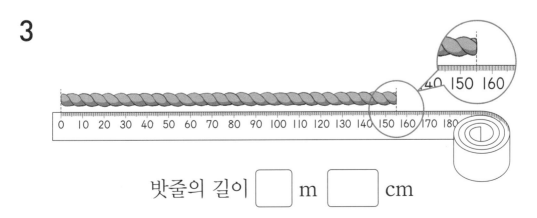

밧줄의 길이 ☐ m ☐ cm

4

책상의 긴 쪽의 길이 ☐ m ☐ cm

5

침대의 긴 쪽의 길이 ☐ m ☐ cm

6

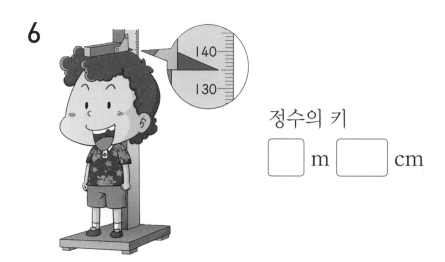

정수의 키

☐ m ☐ cm

도형·측정편

29a

길이의 합, 차 구하기

이름 :
날짜 :
시간 :   :   ~   :

🐸 길이의 합, 차 구하기 ①

★ 길이의 합을 구해 보세요.

1　　 1 m　30 cm
　　 + 2 m　50 cm
　　　 3 m　80 cm

2　　 4 m　60 cm
　　 + 5 m　30 cm
　　　☐ m　☐ cm

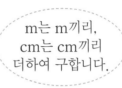

m는 m끼리,
cm는 cm끼리
더하여 구합니다.

3　　 2 m　40 cm
　　 + 6 m　30 cm
　　　☐ m　☐ cm

4　　 1 m　20 cm
　　 + 1 m　60 cm
　　　☐ m　☐ cm

5　　 6 m　51 cm
　　 + 3 m　33 cm
　　　☐ m　☐ cm

6　　 2 m　50 cm
　　 + 3 m　36 cm
　　　☐ m　☐ cm

★ 길이의 차를 구해 보세요.

7
```
    2 m  50 cm
  - 1 m  20 cm
  ──────────────
  [1] m  [30] cm
```

8
```
    3 m  70 cm
  - 2 m  30 cm
  ──────────────
  [ ] m  [ ] cm
```

m는 m끼리,
cm는 cm끼리
빼서 구합니다.

9
```
    6 m  70 cm
  - 4 m  60 cm
  ──────────────
  [ ] m  [ ] cm
```

10
```
    7 m  60 cm
  - 6 m  30 cm
  ──────────────
  [ ] m  [ ] cm
```

11
```
    2 m  55 cm
  - 1 m  10 cm
  ──────────────
  [ ] m  [ ] cm
```

12
```
    9 m  87 cm
  - 1 m  23 cm
  ──────────────
  [ ] m  [ ] cm
```

기탄영역별수학 | 도형·측정편

길이의 합, 차 구하기

이름 :

날짜 :

시간 :   :   ~   :

🐸 길이의 합, 차 구하기 ②

★ 계산을 하세요.

1
$$\begin{array}{r} 2\,\text{m}\ 10\,\text{cm} \\ +\ 1\,\text{m}\ 30\,\text{cm} \\ \hline \end{array}$$

2
$$\begin{array}{r} 4\,\text{m}\ 40\,\text{cm} \\ +\ 5\,\text{m}\ 10\,\text{cm} \\ \hline \end{array}$$

3
$$\begin{array}{r} 1\,\text{m}\ 63\,\text{cm} \\ +\ 1\,\text{m}\ 26\,\text{cm} \\ \hline \end{array}$$

4
$$\begin{array}{r} 5\,\text{m}\ 34\,\text{cm} \\ +\ 2\,\text{m}\ 52\,\text{cm} \\ \hline \end{array}$$

5
$$\begin{array}{r} 7\,\text{m}\ 80\,\text{cm} \\ -\ 5\,\text{m}\ 30\,\text{cm} \\ \hline \end{array}$$

6
$$\begin{array}{r} 4\,\text{m}\ 90\,\text{cm} \\ -\ 1\,\text{m}\ 40\,\text{cm} \\ \hline \end{array}$$

7
$$\begin{array}{r} 8\,\text{m}\ 67\,\text{cm} \\ -\ 6\,\text{m}\ 27\,\text{cm} \\ \hline \end{array}$$

8
$$\begin{array}{r} 9\,\text{m}\ 82\,\text{cm} \\ -\ 2\,\text{m}\ 71\,\text{cm} \\ \hline \end{array}$$

9　　3 m　60 cm
　　　+ 4 m　30 cm
　　────────────

10　　4 m　60 cm
　　　− 3 m　50 cm
　　　────────────

11　　5 m　56 cm
　　　− 2 m　12 cm
　　────────────

12　　5 m　40 cm
　　　+ 2 m　25 cm
　　────────────

13　　1 m　50 cm
　　　+ 1 m　40 cm
　　────────────

14　　5 m　50 cm
　　　− 4 m　10 cm
　　────────────

15　　8 m　59 cm
　　　− 3 m　24 cm
　　────────────

16　　3 m　45 cm
　　　+ 3 m　14 cm
　　────────────

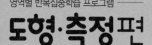

길이의 합, 차 구하기

이름 :

날짜 :

시간 :   :   ~   :

🐸 길이의 합, 차 구하기 ③

★ 계산을 하세요.

1 1 m 40 cm + 1 m 20 cm =

2 4 m 20 cm + 5 m 57 cm =

3 2 m 42 cm + 7 m 11 cm =

4 5 m 26 cm + 3 m 41 cm =

5 3 m 30 cm − 1 m 20 cm =

6 9 m 94 cm − 2 m 40 cm =

7 4 m 68 cm − 2 m 35 cm =

8 6 m 36 cm − 5 m 23 cm =

9 5 m 70 cm − 2 m 60 cm =

10 3 m 53 cm + 2 m 15 cm =

11 1 m 65 cm + 1 m 10 cm =

12 8 m 75 cm − 4 m 24 cm =

13 3 m 50 cm + 2 m 30 cm =

14 7 m 98 cm − 3 m 67 cm =

15 6 m 77 cm − 3 m 40 cm =

16 5 m 52 cm + 2 m 23 cm =

길이의 합, 차 구하기

이름 :

날짜 :

시간 :   :   ~   :

🐸 길이의 합, 차 구하기 ④

★ 계산을 하세요.

1 7 m 50 cm + 220 cm = ⬜ m ⬜ cm

2 2 m 26 cm + 430 cm = ⬜ m ⬜ cm

3 630 cm + 3 m 47 cm = ⬜ m ⬜ cm

4 315 cm + 2 m 51 cm = ⬜ m ⬜ cm

5 370 cm − 1 m 40 cm = ⬜ m ⬜ cm

6 464 cm − 2 m 60 cm = ⬜ m ⬜ cm

7 9 m 27 cm − 711 cm = ⬜ m ⬜ cm

8 7 m 64 cm − 421 cm = ⬜ m ⬜ cm

9 $5\,m\,10\,cm+340\,cm=$ ☐ cm

10 $4\,m\,15\,cm+150\,cm=$ ☐ cm

11 $319\,cm+1\,m\,27\,cm=$ ☐ cm

12 $754\,cm+2\,m\,26\,cm=$ ☐ cm

13 $680\,cm-3\,m\,50\,cm=$ ☐ cm

14 $545\,cm-3\,m\,20\,cm=$ ☐ cm

15 $7\,m\,94\,cm-222\,cm=$ ☐ cm

16 $9\,m\,62\,cm-557\,cm=$ ☐ cm

도형·측정편

33a

길이 어림하기(2)

이름 :

날짜 :

시간 :   :   ~   :

🐸 몸의 일부로 길이 어림하기 ①

★ 몸의 일부를 이용하여 길이를 재려고 합니다. 가장 알맞은 몸의 일부에 ○표 하세요.

1

젓가락의 길이

(   )   (   )   (   )

2

책상의 높이

(   )   (   )   (   )

3

학교 운동장 긴 쪽의 길이

(   )   (   )   (   )

4

리코더의 길이

(   )   (   )   (   )

5

수학책 짧은 쪽의 길이

(   )   (   )   (   )

6

버스의 길이

(   )   (   )   (   )

도형·측정편

34a

길이 어림하기(2)

🐸 몸의 일부로 길이 어림하기 ②

★ 민주 동생의 키가 1 m일 때 ☐ 안에 알맞은 수를 써넣으세요.

1

 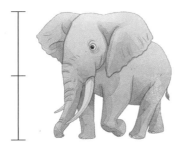

코끼리의 키

약 ☐ m

2

 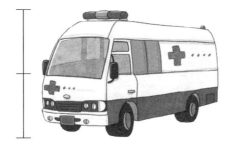

구급차의 높이

약 ☐ m

3

 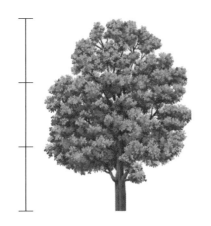

나무의 높이

약 ☐ m

★ 성호 동생이 양팔을 벌린 길이가 l m일 때 ☐ 안에 알맞은 수를 써넣으세요.

4

게시판 긴 쪽의 길이 약 ☐ m

5

칠판 긴 쪽의 길이 약 ☐ m

6

트럭의 길이 약 ☐ m

영역별 반복집중학습 프로그램

도형·측정편

35a

길이 어림하기(2)

이름 :
날짜 :
시간 :   :   ~   :

🐸 몸의 일부로 길이 어림하기 ③

★ 지혜의 두 걸음이 1 m일 때 ☐ 안에 알맞은 수를 써넣으세요.

1

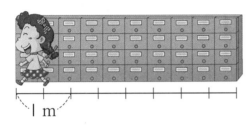

신발장의 길이 약 ☐ m

2

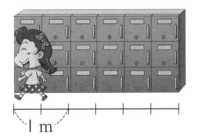

사물함의 길이 약 ☐ m

3

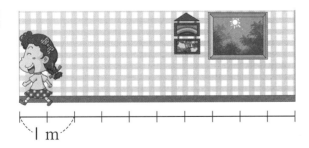

거실 한쪽 벽의 길이 약 ☐ m

★ 물음에 답하세요.

4 정호의 한 뼘의 길이는 15 cm입니다. 정호가 방 창문의 높이를 재었더니 약 6뼘이었습니다. 방 창문의 높이는 약 몇 cm일까요?

약 (   ) cm

5 경태의 한 걸음은 40 cm입니다. 식탁의 긴 쪽의 길이를 재었더니 약 3걸음이었습니다. 식탁의 긴 쪽의 길이는 약 몇 cm일까요?

약 (   ) cm

6 은수의 발 길이는 20 cm입니다. 은수의 발 길이를 이용하여 허리띠의 길이를 재었더니 발 길이로 약 5번이었습니다. 허리띠의 길이는 약 몇 m일까요?

약 (   ) m

7 은미가 양팔을 벌린 길이는 110 cm입니다. 은미가 자동차의 길이를 재었더니 양팔을 벌린 길이의 약 4배였습니다. 자동차의 길이는 약 몇 m 몇 cm일까요?

약 (   ) m (   ) cm

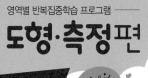 
길이 어림하기(2)

🐸 **| m보다 긴 것, 짧은 것 알아보기**

★ 길이가 | m보다 긴 것에 ○표, | m보다 짧은 것에 △표 하세요.

1 교실의 높이   (   )

2 리코더의 길이   (   )

3 수학책 긴 쪽의 길이   (   )

4 운동장 짧은 쪽의 길이   (   )

5 열쇠의 길이   (   )

6 복도의 길이   (   )

7 한 뼘의 길이   (   )

8 선생님의 키   (   )

6과정 cm, m 알아보기

9 빨대의 길이 ( )

10 가로등의 높이 ( )

11 교실 칠판 긴 쪽의 길이 ( )

12 칫솔의 길이 ( )

13 현관문의 높이 ( )

14 운동화의 길이 ( )

15 전봇대의 높이 ( )

16 교실 책상의 높이 ( )

길이 어림하기(3)

🐸 주어진 막대로 길이 어림하기

★ 주어진 막대의 길이가 1 m일 때 ☐ 안에 알맞은 수를 써넣으세요.

1

┈ 1 m ┈

장롱 긴 쪽의 길이

약 ☐ m

2

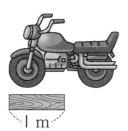

┈ 1 m ┈

오토바이의 길이

약 ☐ m

3

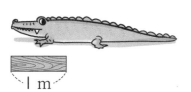

┈ 1 m ┈

악어의 길이

약 ☐ m

4

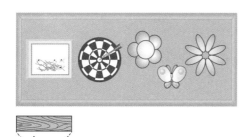

┈ 1 m ┈

게시판 긴 쪽의 길이

약 ☐ m

영역별 반복집중학습 프로그램

5

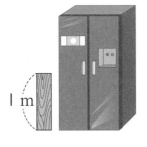

냉장고의 높이 약 ☐ m

6

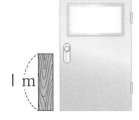

방문의 높이 약 ☐ m

7

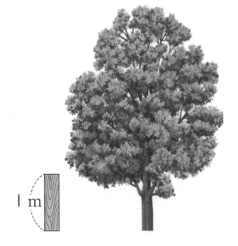

나무의 높이 약 ☐ m

길이 어림하기(3)

이름 :

날짜 :

시간 :   :   ~   :

🐸 실제 길이 찾아보기

★ 실제 길이에 가까운 것을 찾아 이어 보세요.

1

야구 방망이   •

• ㉠ 2 m

2

손톱깎이   •

• ㉡ 1 cm

3

공깃돌   •

• ㉢ 5 cm

4

농구 선수의 키   •

• ㉣ 1 m

★ 실제 길이에 가까운 것을 찾아 이어 보세요.

5

아빠 기린의 키

㉠ 20 cm

6

연필

㉡ 10 m

7

한 팔

㉢ 5 m

8
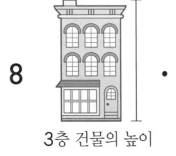
3층 건물의 높이

㉣ 50 cm

길이 어림하기(3)

🐸 알맞은 길이 골라 문장 완성하기

★ 알맞은 길이를 골라 문장을 완성해 보세요.

| 20 cm | 200 cm | 10 m | 70 m |

1 방문의 높이는 약 [   ]입니다.

2 필통의 길이는 약 [   ]입니다.

3 학교 체육관의 높이는 약 [   ]입니다.

★ 알맞은 길이를 골라 문장을 완성해 보세요.

| 15 cm | 100 cm | 2 m 50 cm | 12 m |

4 빨대의 길이는 약 [   ]입니다.

5 버스의 길이는 약 [   ]입니다.

6 칠판의 긴 쪽의 길이는 약 [   ]입니다.

영역별 반복집중학습 프로그램

★ 알맞은 길이를 골라 문장을 완성해 보세요.

| 30 cm | 130 cm | 5 m 10 cm | 100 m |

7 축구 경기장의 긴 쪽의 길이는 약 ☐ 입니다.

8 피아노의 높이는 약 ☐ 입니다.

9 트럭의 길이는 약 ☐ 입니다.

★ 알맞은 길이를 골라 문장을 완성해 보세요.

| 50 cm | 1 m 30 cm | 9 m | 70 m |

10 친구 철민이의 키는 약 ☐ 입니다.

11 교실 긴 쪽의 길이는 약 ☐ 입니다.

12 학교 운동장 긴 쪽의 길이는 약 ☐ 입니다.

도형·측정편

40a

길이 어림하기(3)

🐸 5 m보다 긴 것, 짧은 것 알아보기

★ 길이가 5 m보다 긴 것에 ○표, 5 m보다 짧은 것에 △표 하세요.

1 어린이 두 명이 양팔을 벌린 길이   (   )

2 5층 건물의 높이   (   )

3 항공모함의 길이   (   )

4 아버지의 키   (   )

5 축구 골대의 높이   (   )

6 기차의 길이   (   )

7 텔레비전 긴 쪽의 길이   (   )

8 운동장 짧은 쪽의 길이   (   )

영역별 반복집중학습 프로그램

9 어른 다섯 명이 양팔을 벌린 길이 ( )

10 칠판 짧은 쪽의 길이 ( )

11 점보제트기의 길이 ( )

12 옷장의 높이 ( )

13 자전거의 길이 ( )

14 63빌딩의 높이 ( )

 다음 학습 연관표

6과정 cm, m 알아보기	→	7과정 mm, km 알아보기/시각과 시간⑵

기탄영역별수학
도형·측정편

성취도 테스트

6과정 | cm, m 알아보기

이름	
실시 연월일	년 월 일
걸린 시간	분 초
오답 수	/ 15

기초부터 탄탄하게
기탄교육

1 막대의 길이는 몇 cm인지 쓰세요.

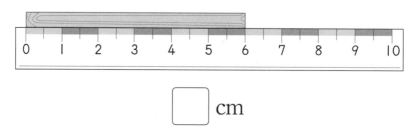

☐ cm

2 주어진 길이만큼 점선을 따라 선을 그어 보세요.

4 cm

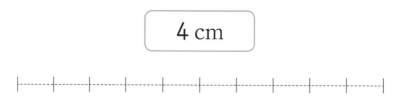

3 자를 이용하여 연필의 길이를 재어 보세요.

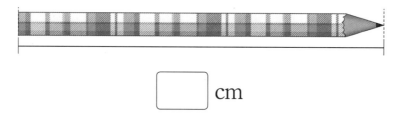

☐ cm

4 과자의 길이는 몇 cm인지 알아보세요.

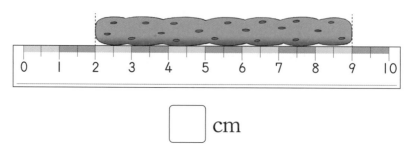

☐ cm

5 클립의 길이는 약 몇 cm인지 알아보세요.

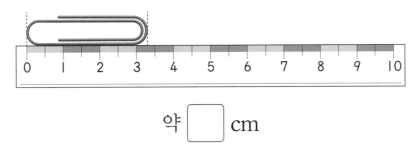

약 ☐ cm

6 과자의 길이를 자로 재어 약 몇 cm인지 알아보세요.

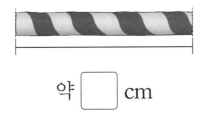

약 ☐ cm

7 커터 칼의 길이를 어림하고 자로 재어 확인해 보세요.

어림한 길이	약　　　　　cm
자로 잰 길이	cm

8 주어진 길이를 어림하여 선을 그어 보고 자로 재어 약 몇 cm 인지 확인해 보세요.

6 cm

약 ☐ cm

9 ☐ 안에 알맞은 수를 써넣으세요.

(1) 236 cm = ☐ m ☐ cm

(2) 4 m 5 cm = ☐ cm

10 길이가 더 긴 것의 기호를 쓰세요.

┌─────────────────────────────────────┐
│ ㉠ 509 cm   ㉡ 5 m 90 cm   │
└─────────────────────────────────────┘

(   )

11 줄넘기의 길이를 줄자로 재었습니다. 길이를 2가지 방법으로 나타내어 보세요.

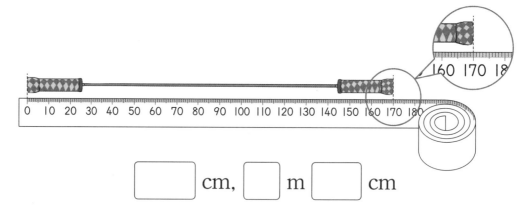

☐ cm, ☐ m ☐ cm

12 계산을 하세요.

(1)　　 3 m 35 cm
　　 + 2 m 23 cm
　　───────────

(2)　　 9 m 84 cm
　　 − 3 m 50 cm
　　───────────

13 몸의 일부를 이용하여 길이를 재려고 합니다. 가장 알맞은 몸의 일부에 ◯표 하세요.

> 지우개의 길이

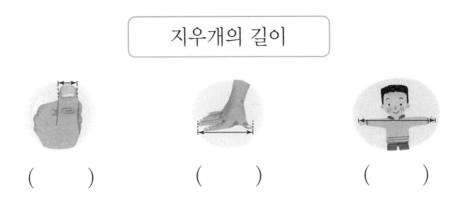

(   )   (   )   (   )

14 정민이의 발 길이는 20 cm입니다. 정민이의 발 길이를 이용하여 책상 긴 쪽의 길이를 재었더니 발 길이로 약 6번이었습니다. 책상 긴 쪽의 길이는 약 몇 m 몇 cm일까요?

약 (   ) m (   ) cm

15 알맞은 길이를 골라 문장을 완성해 보세요.

> 15 cm   50 cm   2 m   5 m

(1) 사인펜의 길이는 약 [   ] 입니다.

(2) 현관문의 높이는 약 [   ] 입니다.

성취도 테스트 결과표

6과정 | cm, m 알아보기

번호	평가 요소	평가 내용	결과(O, X)	관련 내용
1	1 cm 알기	자의 눈금을 읽을 수 있는지 확인하는 문제입니다.		5a
2		주어진 길이만큼 선을 그을 수 있는지 확인하는 문제입니다.		7a
3	자로 길이 재기(1)	자를 이용하여 연필의 길이를 잴 수 있는지 확인하는 문제입니다.		8a
4		0이 아닌 눈금에서 시작할 때, 길이 재는 방법을 알고 있는지 확인하는 문제입니다.		10a
5	자로 길이 재기(2)	길이가 자의 눈금 사이에 있을 때, 자의 눈금을 읽을 수 있는지 확인하는 문제입니다.		12a
6		길이가 자의 눈금 사이에 있을 때, 자를 이용하여 과자의 길이를 잴 수 있는지 확인하는 문제입니다.		15a
7	길이 어림하기(1)	커터 칼의 길이를 자로 재지 않고 어림한 다음, 자로 재어 확인해 보는 문제입니다.		17a
8		어림하여 선을 그어 본 다음, 자로 재어 확인해 보는 문제입니다.		20a
9	cm보다 더 큰 단위 알기	'1 m=100 cm'를 이용하여 문제를 풀 수 있는지 확인하는 문제입니다.		22a
10		길이를 비교할 수 있는지 확인하는 문제입니다.		24a
11	자로 길이 재기(3)	줄자로 잰 길이를 2가지 방법으로 읽을 수 있는지 확인하는 문제입니다.		27a
12	길이의 합, 차 구하기	길이의 합, 차를 구할 수 있는지 확인하는 문제입니다.		29a
13	길이 어림하기(2)	몸의 일부를 이용하여 길이를 잴 때, 가장 알맞은 몸의 일부를 알고 있는지 확인하는 문제입니다.		33a
14		몸의 일부를 이용하여 길이를 어림할 수 있는지 확인하는 문제입니다.		34a
15	길이 어림하기(3)	알맞은 길이를 골라 문장을 완성할 수 있는지 확인하는 문제입니다.		39a

평가	□ A등급(매우 잘함)	□ B등급(잘함)	□ C등급(보통)	□ D등급(부족함)
오답 수	0~1	2~3	4~5	6~

• A, B등급: 다음 교재를 시작하세요.
• C등급: 틀린 부분을 다시 한번 더 공부한 후, 다음 교재를 시작하세요.
• D등급: 본 교재를 다시 구입하여 복습한 후, 다음 교재를 시작하세요.

기탄영역별수학
도형·측정편

정답과 풀이

6과정 | cm, m 알아보기

기초부터 탄탄하게
G 기탄교육

1ab

1 7	**2** 8	**3** 3, 2	**4** 3
5 8	**6** 10	**7** 11	

2ab

1 5	**2** 3	**3** 2	**4** 3
5 2	**6** 6	**7** 5	

3ab

1 (1) 2, 4   (2) 머리핀
2 (1) 8, 3   (2) 리코더
3 은서   **4** 다르기

〈풀이〉

3 뼘의 길이가 길수록 물건을 잰 횟수가 적으므로 은서의 뼘이 더 깁니다.

4ab

1 1, 1 cm, 1 센티미터
2 2, 2 cm, 2 센티미터
3 3, 3 cm, 3 센티미터
4 4, 4 cm, 4 센티미터
5 5, 5 cm, 5 센티미터
6 6, 6 cm, 6 센티미터

5ab

1 7	**2** 3	**3** 6	**4** 9
5 8	**6** 5	**7** 10	**8** 4

〈풀이〉

1 연필의 길이는 1 cm가 7번이므로 7 cm입니다.

5 풀의 길이는 1 cm가 8번이므로 8 cm입니다.

6ab

1 4	**2** 6	**3** 8	**4** 9
5 3	**6** 10	**7** 7	**8** 5

〈풀이〉

1 1 cm로 4번은 4 cm입니다.

5 1 cm로 3번은 3 cm입니다.

7ab

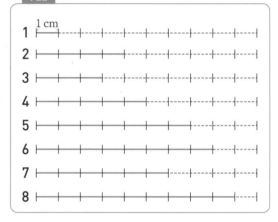

〈풀이〉

1 눈금 한 칸이 1 cm이므로 1칸에 선을 긋습니다.

5 눈금 한 칸이 1 cm이므로 7칸에 선을 긋습니다.

8ab

1 7	**2** 3	**3** 6	**4** 9
5 4	**6** 8	**7** 5	**8** 10

〈풀이〉

1 장난감 자동차의 한쪽 끝을 자의 눈금 0에 맞추고 장난감 자동차의 다른 쪽 끝에 있는 자의 눈금을 읽으면 장난감 자동차의 길이는 7 cm입니다.

5 지우개의 한쪽 끝을 자의 눈금 0에 맞추고 지우개의 다른 쪽 끝에 있는 자의 눈금을 읽으면 지우개의 길이는 4 cm입니다.

9ab

| **1** 7 | **2** 5 | **3** 11 | **4** 8 |
| **5** 9 | **6** 10 | **7** 12 | **8** 6 |

〈풀이〉

1 연필의 한쪽 끝을 자의 눈금 0에 맞추고 연필의 다른 쪽 끝에 있는 자의 눈금을 읽으면 연필의 길이는 7 cm입니다.

5 연필의 한쪽 끝을 자의 눈금 0에 맞추고 연필의 다른 쪽 끝에 있는 자의 눈금을 읽으면 연필의 길이는 9 cm입니다.

10ab

1 1, 1	**2** 5, 5	**3** 4, 4
4 7, 7	**5** 2, 2	**6** 6, 6
7 3, 3	**8** 8, 8	

11ab

| **1** 2 | **2** 6 | **3** 5 | **4** 8 |
| **5** 7 | **6** 4 | **7** 3 | **8** 9 |

〈풀이〉

1 지우개의 길이는 1 cm가 2번 들어가므로 2 cm입니다.

2 머리핀의 길이는 1 cm가 6번 들어가므로 6 cm입니다.

5 과자의 길이는 1 cm가 7번 들어가므로 7 cm입니다.

12ab

| **1** 3, 3 | **2** 5, 5 | **3** 8, 8 |
| **4** 4, 4 | **5** 6, 6 | **6** 7, 7 |

13ab

| **1** 1 | **2** 6 | **3** 3 | **4** 7 |
| **5** 5 | **6** 2 | **7** 8 | **8** 4 |

〈풀이〉

1 공깃돌의 오른쪽 끝이 1 cm 눈금에 가까우므로 공깃돌의 길이는 약 1 cm입니다.

5 머리핀의 오른쪽 끝이 5 cm 눈금에 가까우므로 머리핀의 길이는 약 5 cm입니다.

14ab

| **1** 3 | **2** 9 | **3** 5 | **4** 2 |
| **5** 5 | **6** 1 | **7** 7 | **8** 6 |

〈풀이〉

1 물고기의 길이를 2 cm부터 재었고 5 cm 눈금에 가깝습니다. 1 cm가 약 3번 들어가므로 물고기의 길이는 약 3 cm입니다.

2 연필의 길이를 1 cm부터 재었고 10 cm 눈금에 가깝습니다. 1 cm가 약 9번 들어가므로 연필의 길이는 약 9 cm입니다.

15ab

| **1** 4 | **2** 5 | **3** 8 | **4** 9 |
| **5** 3 | **6** 6 | **7** 7 | **8** 10 |

〈풀이〉

1 지우개의 한쪽 끝을 자의 눈금 0에 맞추고 길이를 재면, 지우개의 다른 쪽 끝이 4 cm 눈금에 가까우므로 지우개의 길이는 약 4 cm입니다.

5 땅콩의 한쪽 끝을 자의 눈금 0에 맞추고 길이를 재면, 땅콩의 다른 쪽 끝이 3 cm 눈금에 가까우므로 땅콩의 길이는 약 3 cm입니다.

16ab

1 5		**2** 6		**3** 3		**4** 9	
5 7		**6** 8		**7** 10		**8** 4	

〈풀이〉

1 연필의 한쪽 끝을 자의 눈금 0에 맞추고 길이를 재면, 연필의 다른 쪽 끝이 5 cm 눈금에 가까우므로 연필의 길이는 약 5 cm 입니다.

5 연필의 한쪽 끝을 자의 눈금 0에 맞추고 길이를 재면, 연필의 다른 쪽 끝이 7 cm 눈금에 가까우므로 연필의 길이는 약 7 cm 입니다.

17ab

1 예 2, 2	**2** 예 3, 3
3 예 4, 4	**4** 예 5, 5
5 예 6, 6	**6** 예 7, 7
7 예 8, 8	**8** 예 9, 9

〈풀이〉

1~8 1 cm인 선으로 몇 번 잰 길이와 같은지 생각하여 막대의 길이를 어림하고, 어림한 길이 앞에 '약'을 붙여 말합니다. 어림한 길이는 자로 잰 길이와 차이가 날 수도 있습니다.

18ab

1 예 4, 4	**2** 예 6, 6
3 예 5, 5	**4** 예 9, 9
5 예 10, 10	**6** 예 3, 3
7 예 8, 8	

〈풀이〉

1~7 1 cm가 어느 정도인지 생각해 봅니다. 물건의 길이는 1 cm로 몇 번 정도 되는지 어림하여 보고, 자로 길이를 재어 봅니다.

19ab

1 예 4, 4	**2** 예 7, 7
3 예 10, 10	**4** 예 11, 11
5 예 8, 8	**6** 예 9, 9
7 예 5, 5	**8** 예 12, 12

〈풀이〉

1~8 연필의 길이는 1 cm가 약 몇 번인지 어림하여 보고, 자로 길이를 재어 봅니다.

20ab

1 예

2 생략   **3** 생략
4 생략
5 예

6 예

7 생략   **8** 생략

21ab

1 1 미터   **2** 4 미터
3 2 미터 3 센티미터
4 3 미터 50 센티미터

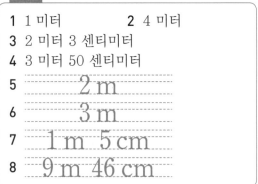

5 2 m
6 3 m
7 1 m 5 cm
8 9 m 46 cm

〈풀이〉

1~2 ■ m ⇨ ■ 미터

3~4 ■ m ● cm
      ⇨ ■ 미터 ● 센티미터

22ab

1 1	2 1, 1, 10
3 1, 35	4 1, 60
5 1, 83	6 2
7 2, 2, 30	8 2, 79
9 100	10 100, 120
11 145	12 170
13 192	14 200
15 200, 250	16 267

〈풀이〉

3 135 cm=100 cm+35 cm
          =1 m+35 cm
          =1 m 35 cm

8 279 cm=200 cm+79 cm
          =2 m+79 cm
          =2 m 79 cm

11 1 m 45 cm=1 m+45 cm
             =100 cm+45 cm
             =145 cm

16 2 m 67 cm=2 m+67 cm
             =200 cm+67 cm
             =267 cm

23ab

1 1, 40	2 5, 4	3 2, 90
4 1, 76	5 8, 80	6 3, 28
7 2, 14	8 7, 55	9 287
10 151	11 410	12 246
13 965	14 309	15 130
16 672		

〈풀이〉

1 140 cm=100 cm+40 cm
          =1 m+40 cm
          =1 m 40 cm

5 880 cm=800 cm+80 cm
          =8 m+80 cm
          =8 m 80 cm

9 2 m 87 cm=2 m+87 cm
             =200 cm+87 cm
             =287 cm

13 9 m 65 cm=9 m+65 cm
             =900 cm+65 cm
             =965 cm

24ab

1 ㉡	2 ㉡	3 ㉠	4 ㉡
5 ㉠	6 ㉡	7 ㉠	8 ㉡
9 ㉠	10 ㉠		

〈풀이〉

1 3 m 16 cm=316 cm
   ⇨ 300<316이므로 3 m 16 cm가 더 깁니다.

3 4 m 85 cm=485 cm
   ⇨ 500>485이므로 500 cm가 더 깁니다.

6 8 m 40 cm=840 cm
   ⇨ 840<900이므로 900 cm가 더 깁니다.

7 4 m 5 cm=405 cm
   ⇨ 405>400이므로 4 m 5 cm가 더 깁니다.

25ab

1 m	2 cm	3 m	4 m
5 cm	6 m	7 cm	8 cm
9 cm	10 m	11 m	12 cm
13 cm	14 m	15 cm	16 m

〈풀이〉

1~8 길이가 1 m(100 cm)보다 짧은 것은 cm, 1 m(100 cm)보다 긴 것은 m로 나타내기에 알맞습니다.

26ab

1 104	**2** 128	**3** 201
4 246	**5** 1, 7	**6** 1, 32
7 2, 5	**8** 2, 19	

〈풀이〉

5 자의 눈금을 읽으면 107 cm이므로 1 m 7 cm입니다.

7 자의 눈금을 읽으면 205 cm이므로 2 m 5 cm입니다.

27ab

1 110	**2** 140	**3** 165
4 150	**5** 200	**6** 120

〈풀이〉

1 허리띠의 한쪽 끝이 줄자의 눈금 0에 맞추어져 있으므로, 다른 쪽 끝에 있는 줄자의 눈금을 읽으면 110입니다. 따라서 허리띠의 길이는 110 cm입니다.

4 책상의 한쪽 끝이 줄자의 눈금 0에 맞추어져 있으므로, 다른 쪽 끝에 있는 줄자의 눈금을 읽으면 150입니다. 따라서 책상의 긴 쪽의 길이는 150 cm입니다.

28ab

1 1, 20	**2** 1, 30	**3** 1, 55
4 1, 60	**5** 1, 90	**6** 1, 35

〈풀이〉

1 지팡이의 한쪽 끝이 줄자의 눈금 0에 맞추어져 있으므로, 다른 쪽 끝에 있는 줄자의 눈금을 읽으면 120입니다. 따라서 지팡이의 길이는 120 cm=1 m 20 cm입니다.

4 책상의 한쪽 끝이 줄자의 눈금 0에 맞추어져 있으므로, 다른 쪽 끝에 있는 줄자의 눈금을 읽으면 160입니다. 따라서 책상의 긴 쪽의 길이는 160 cm=1 m 60 cm입니다.

29ab

1 3, 80	**2** 9, 90	**3** 8, 70
4 2, 80	**5** 9, 84	**6** 5, 86
7 1, 30	**8** 1, 40	**9** 2, 10
10 1, 30	**11** 1, 45	**12** 8, 64

30ab

1 3 m 40 cm	**2** 9 m 50 cm
3 2 m 89 cm	**4** 7 m 86 cm
5 2 m 50 cm	**6** 3 m 50 cm
7 2 m 40 cm	**8** 7 m 11 cm
9 7 m 90 cm	**10** 1 m 10 cm
11 3 m 44 cm	**12** 7 m 65 cm
13 2 m 90 cm	**14** 1 m 40 cm
15 5 m 35 cm	**16** 6 m 59 cm

31ab

1 2 m 60 cm	**2** 9 m 77 cm
3 9 m 53 cm	**4** 8 m 67 cm
5 2 m 10 cm	**6** 7 m 54 cm
7 2 m 33 cm	**8** 1 m 13 cm
9 3 m 10 cm	**10** 5 m 68 cm
11 2 m 75 cm	**12** 4 m 51 cm
13 5 m 80 cm	**14** 4 m 31 cm
15 3 m 37 cm	**16** 7 m 75 cm

〈풀이〉

1 1 m 40 cm+1 m 20 cm
=(1 m+1 m)+(40 cm+20 cm)
=2 m+60 cm=2 m 60 cm

5 3 m 30 cm−1 m 20 cm
=(3 m−1 m)+(30 cm−20 cm)
=2 m+10 cm=2 m 10 cm

6과정 | ## 정답과 풀이

32ab

1 9, 70	**2** 6, 56	**3** 9, 77
4 5, 66	**5** 2, 30	**6** 2, 4
7 2, 16	**8** 3, 43	**9** 850
10 565	**11** 446	**12** 980
13 330	**14** 225	**15** 572
16 405		

〈풀이〉

1 7 m 50 cm+220 cm
　=7 m 50 cm+2 m 20 cm
　=9 m 70 cm

5 370 cm−1 m 40 cm
　=3 m 70 cm−1 m 40 cm
　=2 m 30 cm

9 5 m 10 cm+340 cm
　=5 m 10 cm+3 m 40 cm
　=8 m 50 cm=850 cm

13 680 cm−3 m 50 cm
　　=6 m 80 cm−3 m 50 cm
　　=3 m 30 cm=330 cm

33ab

1 (○)(　)(　)
2 (　)(○)(　)
3 (　)(　)(○)
4 (　)(○)(　)
5 (○)(　)(　)
6 (　)(　)(○)

34ab

1 2	**2** 2	**3** 3	**4** 2
5 3	**6** 5		

〈풀이〉

1 코끼리의 키는 민주 동생의 키의 약 2배이므로 약 2 m입니다.

4 게시판 긴 쪽의 길이는 성호 동생이 양팔을 벌린 길이의 약 2배이므로 약 2 m입니다.

35ab

1 4	**2** 3	**3** 5	**4** 90
5 120	**6** 1	**7** 4, 40	

〈풀이〉

1 지혜의 두 걸음은 1 m이고 신발장의 길이는 지혜의 걸음으로 약 8걸음이므로 약 4 m입니다.

4 방 창문의 높이는 한 뼘의 길이의 약 6배이므로 약
15 cm+15 cm+15 cm+15 cm+15 cm+15 cm
=90 cm
입니다.

6 허리띠의 길이는 발 길이의 약 5배이므로 약
20 cm+20 cm+20 cm+20 cm+20 cm
=100 cm=1 m
입니다.

7 은미가 양팔을 벌린 길이는
110 cm=1 m 10 cm이고, 자동차의 길이는 은미가 양팔을 벌린 길이의 약 4배이므로 약 4 m 40 cm입니다.

36ab

1 ○	**2** △	**3** △	**4** ○
5 △	**6** ○	**7** △	**8** ○
9 △	**10** ○	**11** ○	**12** △
13 ○	**14** △	**15** ○	**16** △

37ab

1 2	**2** 2	**3** 3	**4** 4
5 2	**6** 2	**7** 4	

〈풀이〉

1 장롱 긴 쪽의 길이는 주어진 1 m의 약 2배이므로 약 2 m입니다.

5 냉장고의 높이는 주어진 1 m의 약 2배이므로 약 2 m입니다.

38ab

1 ㄹ	**2** ㄷ	**3** ㄴ	**4** ㄱ
5 ㄷ	**6** ㄱ	**7** ㄹ	**8** ㄴ

39ab

1 200 cm	**2** 20 cm
3 10 m	**4** 15 cm
5 12 m	**6** 2 m 50 cm
7 100 m	**8** 130 cm
9 5 m 10 cm	**10** 1 m 30 cm
11 9 m	**12** 70 m

〈풀이〉

※ 생활 속에서 긴 길이를 어림해 보고 알맞은 길이를 찾아봅니다.

40ab

1 △	**2** ○	**3** ○	**4** △
5 △	**6** ○	**7** △	**8** ○
9 ○	**10** △	**11** ○	**12** △
13 △	**14** ○		

성취도 테스트

1 6

2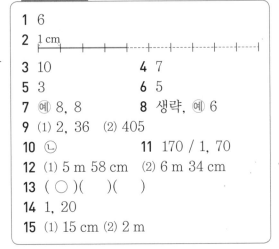

3 10   **4** 7

5 3   **6** 5

7 예 8, 8   **8** 생략, 예 6

9 (1) 2, 36   (2) 405

10 ㄴ   **11** 170 / 1, 70

12 (1) 5 m 58 cm   (2) 6 m 34 cm

13 (○)( )( )

14 1, 20

15 (1) 15 cm (2) 2 m

〈풀이〉

4 과자의 길이는 1 cm가 7번 들어가므로 7 cm입니다.

5 클립의 길이는 3 cm에 가까우므로 약 3 cm입니다.

6 과자의 한쪽 끝을 자의 눈금 0에 맞추고 길이를 재면, 과자의 다른 쪽 끝이 5 cm 눈금에 가까우므로 과자의 길이는 약 5 cm입니다.

9 (1) 236 cm=200 cm+36 cm
            =2 m+36 cm=2 m 36 cm

  (2) 4 m 5 cm=4 m+5 cm
              =400 cm+5 cm=405 cm

10 5 m 90 cm=590 cm
   ⇨ 509<590이므로 5 m 90 cm가 더 깁니다.

11 줄넘기의 한쪽 끝이 줄자의 눈금 0에 맞추어져 있으므로, 다른 쪽 끝에 있는 줄자의 눈금을 읽으면 170입니다. 따라서 줄넘기의 길이는 170 cm=1 m 70 cm입니다.

14 책상 긴 쪽의 길이는 발 길이의 약 6배이므로 약
20 cm+20 cm+20 cm+20 cm+20 cm+20 cm
=120 cm=1 m 20 cm
입니다.